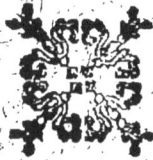

TABLES de CORDES

POUR METTRE LES

ANGLES MÉSURÉS sur le PAPIER,

A L'USAGE DES

GÉOMÊTRES PRATIQUANS.

~~~~~~

KOORDEN TAFELEN

TOT HET TRANSPORTEREN VAN

HOEKEN op het PAPIER,

TEN DIENSTE VAN DE BEOEFENAARS
DER PRACTICALE

M E E T K U N D E,

DOOR

HERMAN GERHARD HARMS,

Geadmitteerd Landmeter.

~~~~~~~~~~~~~~~~~

TE LEYDEN BIJ
D. DU MORTIER EN ZOON,
MDCCCXII.

Gedrukt te *Leyden*, ter Boekdrukkerij van
HERDINGH en DU MORTIER.

AUX ARPENTEURS ACTIFS.

Il est notoire à tous les Géométres pratiquans que la méthode de mettre sur le papier au moyen du rapporteur les angles mésurés, ne soit sujette à bien des *incertitudes*.

Et de fait, si nous établissons pour principe, que les divisions de notre rapporteur sont proportionnées à celles de notre astrolable, par ce que pour l'ordinaire ces instrumens sont confectionnés par les mêmes facteurs, et par conséquent divisés sur la même machine de division; il est de plus nécessaire, que le centre du rapporteur soit bien placé; et au cas que le rapporteur ait un Index, l'alhidade prolongée jusques dans le centre, doit former, en sus, une ligne exactement droite et doit tourner avec l'index centralement autour du centre, sans quoi elle donne des angles faux.

Quoique tout ce que nous venons d'établir se trouvât dans le meilleur ordre possible, il se présente néanmoins sur cet article une autre difficulté, non moins importante, nommément celle: *de bien diriger le rapporteur*, ce manîment est de sa nature si difficile, et l'expérience a démontré, que s'il est employé à un même angle; mais avec d'autres mains et d'autres yeux, il n'est pas rare qu'on ne voie naître des différences, qui rendent difficiles de discerner le

vrai

AAN DE WERKDADIGE LANDMETERS!

Het is aan alle beoefenaars der practicale Meetkunde bekend, dat de handelwijze met een Transporteur, om de gemetene hoeken, op het papier over te brengen, aan vele *onzekerheid* onderhevig is.

Indien wij ook vaststellen, dat de verdeelingen van onze Transporteurs, evenredig zijn, met die van onze Astrolabiums, om dat die veeltijds van dezelfde Instrumentmakers zijn gemaakt en dus op dezelfde verdeelmachinen verdeeld zijn; zoo wordt nog vereischt, dat het centrum eenes Transporteurs wel geplaatst moet zijn; en heeft de Transporteur een Nonius, dan moet behalve het gezegde ook de Alhidade, geprolongeerd tot in het centrum, eene zuivere regte lijn formeren, en met den Nonius naauwkeurig centraal om het middelpunt draaijen of anders geeft dezelve valsche hoeken.

Het gezegde alles in de beste orde zijnde, zoo ontmoeten wij bij dit stuk nog eene andere zwarigheid van geen minder belang, namelijk die: *van het wel aanleggen des Transporteurs*, deze bewerking is in zijne soort zoo difficil, en de ondervinding leert, dat als het bij een en denzelfden hoek, met verschillende handen en oogen wordt bewerkstelligd, er veeltijds differenten ontstaan, die het moeijelijk maken, het *valsche* van het *ware*, te onderscheiden; en wanneer de hoe-

ken

vrai du *faux*, et cette difficulté est d'autant plus grande, lorsqu'on est obligé de placer les angles trop près de la marge du papier, ensorte que l'on ne puisse prolonger à volonté la ligne de la base.

Ne pourrait-on pas prévenir ces difficultés, en construisant les cordes des angles, pour les transporter ainsi au moyen du compas et de l'échelle ? la meprise ne serait-elle pas bien moins-importante par cette méthode, que par celle de quelque rapporteur ? Les angles ne dépendent-elles pas de leurs cordes ? et les constructions des cordes, ne sont-elles pas toutes baseés sur les fondemens stables de la Géométrie.

Toutes ces raisons m'ont déterminé de calculer du quart de cercle les cordes de chaque arc de deux en deux minutes ; et d'en confectionner une table, mon premier dessein fut de ne l'employer que pour mon usage particulier ; ce pendant considérant que ces tables pourraien avoir une utilité plus étendue, j'ai cru devoi les communiquer par la voie de l'impression n'ayant d'autre but que de faciliter aux Arpenteurs l'opération de transporter les angles à cette fin j'ai calculé ces tables de cordes sur un rayon de 300, vû, que cette lon gueur donne au compas une ouverture suffisant sur l'échelle de mêtres, actuellement en usag dans la Hollande, afin de détermirer exactemen ces cordes.

CON

ken digt aan den rand van het papier moeten gesteld worden, zoo dat men de aanleglijn niet voldoende kan verlengen, dan valt hetzelve nog moeijelijker.

Zoude men voor bovengemelde difficulteiten niet beveiligd zijn, indien men van de hoeken hunne koorden construeerde, om ze volgens deze, met passer en schaal over te brengen? Zoude in deze handgreep de misslag niet van minder belang zijn, dan bij de handelwijze van eenig Transporteur? De hoeken zijn immers afhankelijk van hunne koorden? En de constructien der laatsten, — Zijn dezelve niet op onwrikbare grondvesten der geometrie gefondeerd?

Aangehaalde redenen hebben mij doen besluiten, voor ieder boog van twee tot twee minuten, door een quadrant, hunne koorden te berekenen, en eene tafel daarvan te formeren, eerst geen ander oogmerk daarbij hebbende, dan dezelve tot mijn eigen gebruik te bezigen; evenwel naderhand overwegende, of ik misschien iemand met deze tafelen dienstig zoude kunnen zijn, heb ik dezelve door den druk gemeen laten worden, met geen ander doel, dan de Heeren Landmeters het hoeken transporteren gemakkelijker te maken; ten dien einde heb ik deze Koorden Tafelen op een Radius van 300 berekend, om dat deze lengte, op de, thans in Holland gebruikelijke fransche meterschaal, den passer eene bekwame opening geeft, om de koorden naauwkeurig te bepalen.

CONSTRUCTION

DES

TABLES DE CORDES

Sur un Rayon de 300.

~~~~~~~~~~~~~~~

Soit à cet effet (Fig. 1.) BC, et le rayon AD rectangulaire par BC, alors BC est divisé en deux parties égales EC et EB, décrivez ensuite les rayons AB et AC; l'arc DC étant = DB, ainsi les deux angles sont tous deux égaux au centre.

Posez ensuite que AD soit égal au rayon, sur lequel les sinus naturels sont calculés, alors EC est un sinus naturel, dont la longueur se trouve dans les tables des sinus pour l'angle EAC, exprimée en parties du rayon AD. Et 2 EC = BC = à la corde de 2 angles EAC = à l'angle BAC il s'ensuit que $\frac{BC}{2}$ = sinus de l'angle $\frac{BAC}{2}$, ou BC = 2 sinus de l'angle $\frac{BAC}{2}$, c'est à dire, la corde d'un angle est égale au double sinus de ce demi angle.

Par exemple, que l'angle DAC soit = 20° alors 2 angles DAC = à l'angle BAC = 40°; EC = le sinus de 20° et BC = à la corde de 40°.

Si

CONSTRUCTIE

DEZER

KOORDEN TAFELEN,

Op een Radius van 300.

Stel ten dien einde (Fig. 1.) BC, en den Radius AD, regthoekig door BC, dan wordt BC in twee gelijke deelen EC en EB verdeeld, trek vervolgens de Radien AB en AC; nu is de boog DC = DB, dus zijn de beide hoeken aan het middelpunt elkander gelijk.

Stel nu AD = den Radius te zijn, op welken de natuurlijke ſinusſen zijn berekend, dan is EC een natuurlijke ſinus, wiens lengte men voor den hoek EAC in de Sinustafelen vindt, uitgedrukt in deelen van den Rad. AD. En 2 EC = BC = de koorde van 2 ∠ EAC = ∠ BAC, dus is $\frac{BC}{2}$ = ſin. $\frac{\angle BAC}{2}$, of BC = 2 ſinus $\frac{\angle BAC}{2}$; dat is, de koorde van een hoek is gelijk aan den dubbelden ſinus van dien halven hoek.

Laat bij voorbeeld de ∠ DAC = 20° zijn, dan is 2 ∠ DAC = ∠ BAC = 40°; EC = de ſinus van 20° en BC = de koorde van 40°.

Si l'on pose le rayon AD = 1 ou 1,0000000,
le sinus de 20° sera = 0,3420201, et le même
sinus sera sur un rayon de 10000000 = 34202201,
et sur un rayon de 100,00000 = 34,20201,
lequel multiplié par 2   2
donne BC la corde de 40° =   68,40402
sur un rayon de 100.

Pour réduire maintenant la corde d'un rayon de
100, sur un rayon de 300, on la multiplie par
3 ou plus abregée d'après la formule suivante:

$$BC = \left(\frac{2 \ AD \ \text{Sin. de l'angle} \ \dfrac{BAC}{2}}{\text{Rayon} = 1} \right)$$

Le sinus de 20°
sur un rayon de 1 = 0,3420201, multiplié par
2 AD = 600   600 donne
BC =   205,2120600
la corde de 40°
sur un rayon de 300, sur lequel mes tables de
cordes sont calculées, d'après les tables de si-
nus naturels de B. J. DOUWES, et comparées
avec les sinus Logarithmes de FR. CALLET.

La corde d'un angle peut, entr'autres, pour
servir de preuve, aussi être déterminée de la
maniere suivante:

Dans tous les triangles plans, dont deux cô-
tés et un angle inscrit sont connus, le troi-
sieme côté s'obtiendra par la formule suivante:
(Fig. 2 triangle DCE.)

2

Als nu de Rad. AD = 1 of 1,0000000 wordt gesteld dan is de sin. van 20° = 0,3420201, dus is dezelfde sin. op een rad. van 10000000 = 3420201, en op een rad. van 100,00000 = 34,20201, deze gemultipl. met 2, 2

geeft BC = de koorde van 40° = 68,40402 op een Radius van 100.

Om nu de koorde, die tot een Rad. van 100 behoort, op een Radius van 300 te reduceren, zoo wordt dezelve met 3 vermenigvuldigd, of korter na deze formule:

$$BC = \left(\frac{2\ AD\ Sin.\ \frac{\angle BAC}{2}}{Radius = 1} \right)$$

De Sinus van 20°
op een Rad. van 1 = 0,3420201, met
2 AD = 600 gemultpl. 600 geeft
BC = 205,2120600 =
de koorde van 40°
op een Radius van 300, op welken mijne Koordentafelen zijn berekend, volgens B. J. DOUWES Natuurlijke Sinustafelen, en vergeleken met de Logarithmus Sinussen van FR. CALLET.

De koorde van een hoek, kan, onder anderen, tot een proef, ook op de volgende wijze bepaald worden:

In alle platte driehoeken, waarvan twee zijden met een tusschenhoek, bekend zijn, wordt de derde zijde gevonden door de volgende Formula: (Fig. 2 Δ DCE).

$$\overline{DE}^2 =$$
$$= \left[\overline{CE}^2 + \overline{CD}^2) - \left(2\,CE.\,CD\ \text{co-sin angle}\,C \right] \right.$$

A un rayon de 1.

Dans le dit triangle DCE, DC est $= 300$, EC $= 300$ et que l'angle C soit encore $= 40°$. quel est DE ?

Solution.

CE $= 300$
CD $= 300$

$$\begin{array}{c} 90000 \\ 2 \\ \hline 180000 \end{array} \times \dots \dots \dots 180000$$

Co-sinus de 40° à un rayon de 1 $=$ 0,7660444

$$\underline{\underline{137887,9920000}} =$$
$$= (2\ EC.\ CD.\ \text{co-sin. l'angle } C)$$

CE $= 300$ donc $\overline{CE}^2 = 90000$

CD $= 300$ donc $\overline{CD}^2 = 90000$

$\overline{CE}^2 + \overline{CD}^2 =$ 180000
déduit   137887,99

$\overline{DE}^2 =$ 42112,01

$\sqrt{(42112,01}$ 205,21 $=$ DE. comme ci-dessus.

A

$$\overline{DE}^2=$$

$$= \left[\overline{CE}^2 + \overline{CD}^2 \right) - \left(2\,CE.\,CD.\,Cofin\angle C \right]$$

tot een Rad. van 1.

In den gemelden $\triangle$ DCE is DC $=$ 300, EC $=$ 300 en laat de $\angle$ C wederom zijn $=$ 40°. Vrage na DE?

Oplosfing.

CE $=$ 300
CD $=$ 300

90000	Cofin. van 40° tot
2	een Rad. van 1 $=$
	0,660444

180000 mult. 180000

137887,9920000 $=$

$=$ (2 EC. CD. Cofin $\angle$ C)

CE $=$ 300 dus $\overline{CE}^2 =$ 90000

CE $=$ 300 dus $\overline{CD}^2 =$ 90000

$\overline{CE}^2 + \overline{CD}^2 =$ 180000

trek af 137887.99

$\overline{DE}^2 =$ 42112,01

$\sqrt{}$ (42112,01) 205,21 $=$ DE gelijk boven.

Cm

A cause que les deux angles C ont au centre le même sinus; mais que le co-sinus de 90° à 270° est négatif, $\overline{EK}^2$ s'obtiendra en changeant le signe — en +:

$$\overline{CE}^2 + \overline{CD}^2 = 180000$$

ajoutez $137887,99$

$$317887,99 = \overline{EK}^2$$

Afin de faire la preuve si les sommes obtenues sont les véritables cordes DE et KE, il s'ensuit, puisque l'angle DEK reste toujours un angle droit, que doivent aussi rester constamment:

$$\overline{EK}^2 + \overline{ED}^2 = \overline{KD}^2$$

$$KD = 600 \qquad \overline{EK}^2 = 317887,99$$

$$\text{donc.} \qquad \overline{DE}^2 = 42112,01$$

$$\overline{KD}^2 = 360000 = \qquad 360000,00 = \overline{EK}^2 + \overline{DE}^2$$

ce qui est évident.

Lorsque dans cette derniere formule, de trouver le troisieme côté d'un triangle, dont deux côtés et un angle inscrit sont connus, l'opération est trop difficile par la multiplication et l'extraction des racines, on peut la faciliter par les logarithmes:

par

Om dat de beide hoeken C aan het middelpunt, denzelfden Sinus hebben, maar de Cosinus van 90° tot 270° negatief is, zoo wordt $\overline{EK}^2$ gevonden, met het teeken — in + te veranderen:

$$\overline{CE}^2 + \overline{CD}^2 = 180000$$

tel bij 137887,99

$$317887,99 = \overline{EK}^2$$

Om nu te beproeven, of de gevondene, de ware koorden DE en KE zijn, zoo moet, om dat de hoek DEK altoos een regte hoek blijft, ook gedurig blijven:

$$\overline{EK}^2 + \overline{ED}^2 = \overline{KD}^2$$

$$KD = 600 \qquad \overline{EK}^2 = 317887,99$$

$$\text{dus} \qquad \overline{DE}^2 = 42112,01$$

$$\overline{KD}^2 = 360000 = 360000,00 = \overline{EK}^2 + \overline{DE}^2$$

't is evident.

De laatste Formule, om van een driehoek, waarvan twee zijden met een ingesloten hoek bekend zijn, de derde zijde te vinden, wordt, als de multiplicatie, en het worteltrekken te moeijelijk valt, gemakkelijk door de Logarithmen bewerkt:

Laat

par exemple, soient connus dans le triangle obtus ABC (Fig. 2.) AB $=$ 183,7 BC $=$ 132,6 et l'angle B $=$ 114° 53,

quel est AC? on aura donc AC $=$ 268,1.

Solution.

l'angle B $=$ 114° 53, Log. cos.   9,6240468

       AB $=$ 183, 7   Log.   2,2641092

       BC $=$ 132, 6   Log.   2,1225435

             2 .   Log.   0,3010300

Log. donne   / 14,3117295

(2 AB. BC. cos. angle B) $=$ 20498,8

AB Log.   2,2641092

                2

$\overline{AB}^2$ Log.   4,5282184 } 33745,7

               . . . . . .

               . . . . . .

BC Log.   2,1225435 . . . . . .

               2   . . . . . .

             4,2450870 } 17582,8

$\overline{AB}^2 + \overline{BC}^2 =$ 51328,5

comme l'angle B est   . . . . . .

obtus, ajoutez   20498,8

            $\overline{AC}^2 =$ 71827,3

$\overline{AC}^2$ Log. $=$ 4,8562895

         2) ——————

           2,4281447 $=$ Log.

de AC, donne pour AC $=$ 268, 1.

                           Ex-

Laat bij voorbeeld in den ftomph. $\triangle$ ABC (Fig. 3), bekend zijn AB $=$ 183,7 BC $=$ 132,6 en $\angle$ B $=$ 114° 53;

Vrage naar AC? Komt AC $=$ 268,1.

Oplosfing.

$\angle$ B $=$ 114° 53	Log. Cos.	9,6240468
AB $=$ 183,7	Log.	2,2641092
BC $=$ 132,6	Log.	2,1225435
2 . .	Log.	0,3010300

Log. geeft $\qquad$ $\boxed{14,3117295}$

(2 AB. BC. Cos. $\angle$ B) $=$ 20498,8

AB Log. 2,2641092
2

$\overline{AB}^2$ Log. 4,5282184 } 33745,7
. . . . . .
. . . . . .
BC Log. 2,1225435 . . . . . .
2 . . . . . .

4,2450870 17582,8

$\overline{AB}^2 + \overline{BC}^2 =$ 51328,5

om dat $\angle$ B ftomp . . . . . .
is tel bij 20498,8

$\overline{AC}^2 =$ 71827,3

$\overline{AC}^2$ Log. $=$ 4,8562895
2) $\overline{\qquad}$

2,4281447 $=$ Log. van AC, geeft voor AC $=$ 268,1.

VOOR-

Exemple pour l'usage des Tables de Cordes.

Soient (Fig. 2) AB un cordeau fixe, et C un point, du quel doit être tiré une autre ligne CF, et mené sous un angle de 75° 29'. Pour faire cette opération on prend par le compas 300 sur l'echelle de mètres et on mesure, du point C, par cette longueur en D en marquant exactement le point D; décrivez du point C avec le rayon CD l'arc non-ponctué Ea, cherchez ensuite dans les tables la cordes de

$$75° \ 28' = 367, 19$$
additionnez la
demi-diff. de 28' et 30 7

$$DE = 367,26 =$$

la corde de 75° 29'. Prenez cette corde de l'échelle par le compas, placez l'une des branches du compas dans le point D, et coupez par l'autre branche l'arc Ea, tirez CF par le point d'intersection E on aura en CF la ligne demandée, suivant l'angle donné.

Soit l'angle donné un angle obtus = ACF, l'angle supplémentaire sera = DCE, et la ligne CF sera conséquemment encore déterminée par la corde DE. Avec la même facilité on peut mesurer ces angles déjà décrits sur le papier, suivant leurs cordes. Par exemple, on désire savoir la dimension de l'angle BCF: Dans ce cas on tire sur les lignes angulaires CB et CF les points D et E avec un rayon de 300 pris du point C, et l'on mesure la corde DE;

que

Voorbeelden wegens het gebruik dezer Koorden Tafelen.

Laat (Fig. 2) AB, een vaste meetlijn, en C een punt zijn, uit hetwelk een andere Lijn CF, onder een hoek van 75°29′ moet gesteld worden. Om dit te doen, neem in den passer van de meterschaal 300, en meet met deze lengte uit het punt C in D, waarbij het punt D naauwkeurig wordt opgeteekend, en met denzelfden radius CD beschrijf uit C den blinden boog Ea, zoek vervolgens uit de Tafelen de koorde van

$$75° \ 28′ = 367,19$$
tel bij de halve
diff. van 28′ en 30′ 7

$$DE = 367,26$$

de koorde van 75° 29′. Neem deze koorde van de schaal in den passer, stel het eene been in D, en snijd met het andere been den boog Ea, trek CF door het snijdpunt E, dan is CF de begeerde lijn volgens den gegeven hoek.

Is de gegevene een stompe hoek = ACF, dan is de supplementshoek = DCE, en de lijn CF wordt volgens dien wederom door de koorde DE bepaald.

Even zoo gemakkelijk kan men die reeds gekaarteerde hoeken, op het papier, volgens hunne koorden meten. Men wil bij voorbeeld weten hoe groot de hoek BCF is: in dit geval snijde men, op de hoeklijnen CB en CF, met een radius van 300, uit het punt C, de punten D

B en

que DE soit $=$ 159, 90. cherchez cette corde dans les tables et elle indiquera l'angle de 30° et entre les 54 et 56', par conséquent l'angle, $=$ 30° 55' équivaudra à la demande.

Préfére-t-on sur une autre échelle un rayon de 100 : cherchez à cet effet dans ces tables la corde pour l'angle donné, on aura $\frac{1}{3}$ de cette corde $=$ à la corde sur un rayon de 100, on aura obtenu, par exemple, la corde de 40° $=$ 205, 21, il seusuivra $\frac{205,21}{3} = 68,40 =$ à la corde de 40° sur un rayon de 100.

Et $\frac{2}{3}$ de la corde de ces tables équivaudront à la corde sur un rayon de 200, savoir : $\frac{205,21}{1,5} =$ 136,80 $=$ à la corde de 40° sur un rayon de 200.

Enfin, $\frac{4}{3}$ de la corde de ces tables équivaudront à la corde sur un rayon de 400 ; nommément :

la corde sur un
rayon de 300 $=$ 205,21
additionnez $\frac{1}{3}$
de cette corde $=$ 68,40
                 ————
                 273,61 $=$

$=$ à la corde de 40° sur un rayon de 400, est égale au sinus de 20° (sur un rayon de 100) multiplié par 8.

TA.

en E, en mete de koorde DE, laat DE gevonden zijn $=$ 159,90, zoek deze koorde in de tafelen, en hij zal den hoek aanwijzen van 30° en tusschen de 54′ en 56′, dus is de hoek $=$ 30° 55′ gelijk aan den begeerden.

Verkiest men liever op een andere schaal een radius van 100: zoek in dit geval, voor den gegevenen hoek de koorde uit deze tafelen, dat is $\frac{1}{3}$ dezer koorde $=$ de koorde op een radius van 100. Bij voorbeeld de koorde van 40° is gevonden $=$ 205,21, zoo is $\frac{205,21}{3} = 68,40 =$ de koorde van 40° op een radius van 100.

En $\frac{2}{3}$ der koorde uit deze tafelen is gelijk aan de koorde op een radius van 200, dat is: $\frac{205,21}{1,5} = 136,80 =$ de koorde van 40°, op een radius van 200.

En eindelijk is $\frac{4}{3}$ der koorde uit deze tafelen gelijk aan de koorde op een radius van 400, dat is:

De koorde op een
Radius van 300 $=$ 205,21
tel bij $\frac{1}{3}$
dezer koorde $=$ 68,40

273,61 $=$

$=$ de koorde van 40° op een radius van 400, is gelijk de sinus van 20° (op een rad. van 100) gemultipliceerd met 8.

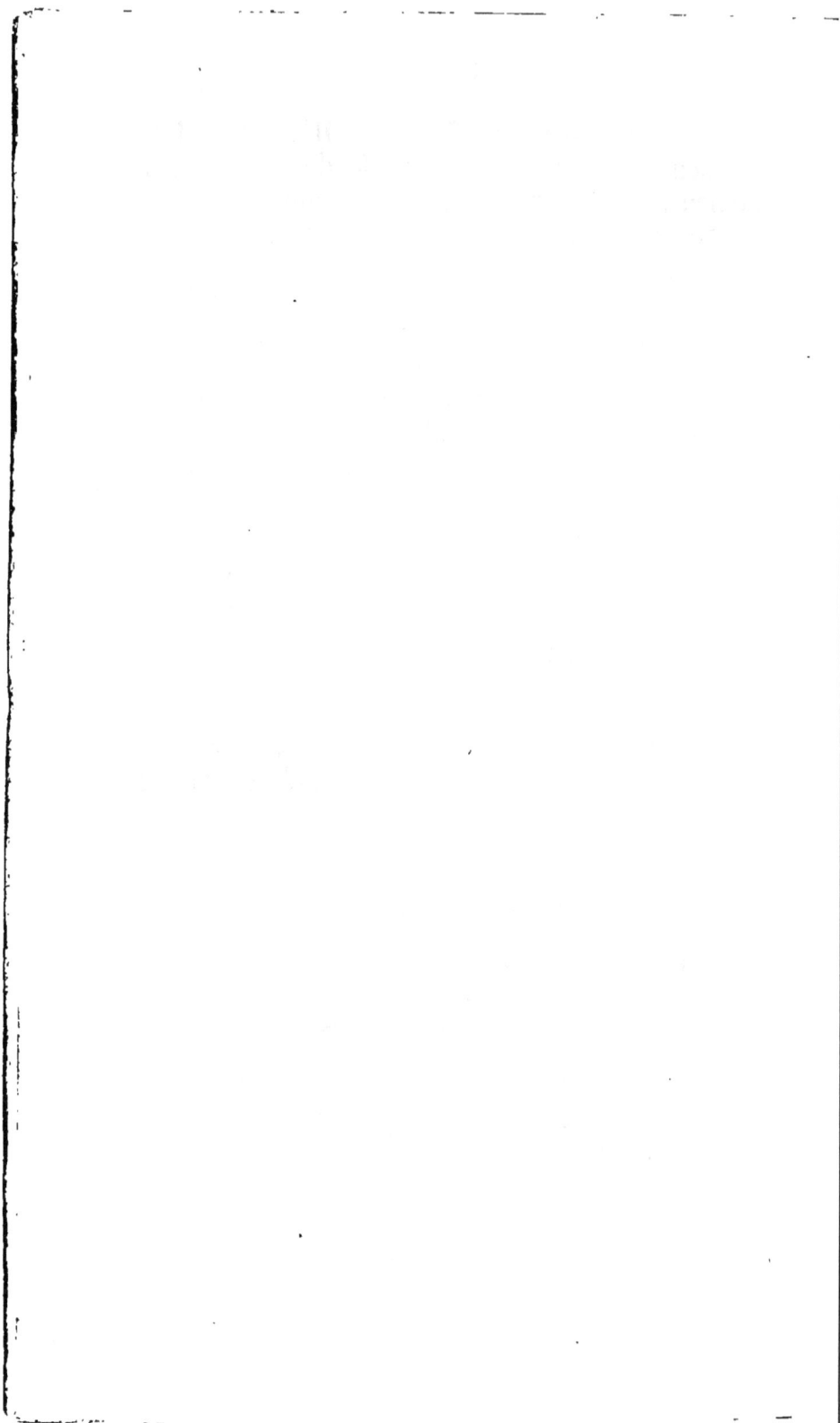

Min.	Corde.		Min.	Corde.	
0	0,00	$\frac{1}{2}$	30	2,61	$\frac{1}{2}$
2	0,17	Diff.	32	2,79	Diff.
4	0,35	0,0	34	2,96	0,0
6	0,52		36	3,14	
8	0,69		38	3,31	
10	0,87		40	3,49	
12	1,04	9	42	3,66	9
14	1,22		44	3,83	
16	1,39		46	4,01	
18	1,56		48	4,19	
20	1,74		50	4,36	
22	1,91		52	4,53	
24	2,09		54	4,71	
26	2,27		56	4,88	
28	2,44		58	5,06	

Min.	Corde.		Min.	Corde.	
0	5,23	½	30	7,85	½
2	5,41	Diff.	32	8,03	Diff.
4	5,58	0,0	34	8,20	0,0
6	5,75		36	8,37	
8	5,93		38	8,55	
10	6,11		40	8,72	
12	6,28		42	8,90	
14	6,45	9	44	9,07	9
16	6,63		46	9,24	
18	6,80		48	9,42	
20	6,98		50	9,59	
22	7,15		52	9,77	
24	7,32		54	9,94	
26	7,50		56	10,12	
28	7,67		58	10,29	

Min.	Corde.		Min.	Corde.	
0	10,47	$\frac{1}{2}$	30	13,08	$\frac{1}{2}$
2	10,64	Diff.	32	13,26	Diff.
4	10,82	0,0	34	13,43	0,0
6	10,99		36	13,61	
8	11,16		38	13,78	
10	11,34		40	13,95	
12	11,51		42	14,13	
14	11,69	9	44	14,31	9
16	11,86		46	14,48	
18	12,03		48	14,66	
20	12,21		50	14,83	
22	12,39		52	15,00	
24	12,56		54	15,18	
26	12,73		56	15,35	
28	12,91		58	15,53	

Min.	Corde.		Min.	Corde.	
0	15,70	½	30	18,32	½
2	15,87	Diff.	32	18,49	Diff.
4	16,05	0,0	34	18,67	0,0
6	16,22		36	18,84	
8	16,40		38	19,02	
10	16,58		40	19,19	
12	16,75		42	19,37	
14	16,92	9	44	19,54	9
16	17,10		46	19,71	
18	17,27		48	19,89	
20	17,45		50	20,06	
22	17,62		52	20,24	
24	17,79		54	20,41	
26	17,97		56	20,58	
28	18,14		58	20,76	

Min.	Corde.		Min.	Corde.	
0	20,93	½	30	23,55	½
2	21,11	Diff.	32	23,73	Diff.
4	21,29	0,0	34	23,90	0,0
6	21,46		36	24,08	
8	21,63		38	24,25	
10	21,81		40	24,42	
12	21,98		42	24,60	
14	22,16	9	44	24,77	9
16	22,33		46	24,95	
18	22,51		48	25,12	
20	22,68		50	25,29	
22	22,85		52	25,47	
24	23,03		54	25,64	
26	23,20		56	25,82	
28	23,37		58	25,99	

5. Degr.

Min.	Corde.		Min.	Corde.	
0	26,16	½	30	28,78	½
2	26,34	Diff.	32	28,95	Diff.
4	26,52	0,0	34	29,13	0,0
6	26,69		36	29,31	
8	26,87		38	29,48	
10	27,04		40	29,66	
12	27,21		42	29,83	
14	27,39	9	44	30,00	9
16	27,56		46	30,18	
18	27,74		48	30,35	
20	27,91		50	30,52	
22	28,08		52	30,70	
24	28,26		54	30,87	
26	28,43		56	31,05	
28	28,61		58	31,22	

Min.	Corde.		Min.	Corde.	
0	31,40	½	30	34,01	½
2	31,57	Diff.	32	34,19	Diff.
4	31,74	0,0	34	34,36	0,0
6	31,92		36	34,53	
8	32,09		38	34,71	
10	32,27		40	34,88	
12	32,44		42	35,06	
14	32,61	9	44	35,23	9
16	32,79		46	35,40	
18	32,97		48	35,58	
20	33,14		50	35,75	
22	33,32		52	35,93	
24	33,49		54	36,10	
26	33,66		56	36,27	
28	33,84		58	36,45	

Min.	Corde.		Min.	Corde.	
0	36,62	½	30	39,24	½
2	36,80	Diff.	32	39,41	Diff.
4	36,97	0,0	34	39,59	0,0
6	37,14		36	39,76	
8	37,32		38	39,93	
10	37,50		40	40,11	
12	37,67		42	40,28	
14	37,85	9	44	40,46	9
16	38,02		46	40,63	
18	38,19		48	40,80	
20	38,37		50	40,98	
22	38,54		52	41,15	
24	38,72		54	41,33	
26	38,89		56	41,50	
28	39,06		58	41,67	

Min.	Corde.		Min.	Corde.	
0	41,85	½	30	44,46	½
2	42,02	Diff.	32	44,63	Diff.
4	42,20	0,0	34	44,81	0,0
6	42,37		36	44,98	
8	42,55		38	45,16	
10	42,72		40	45,33	
12	42,89		42	45,50	
14	43,07	9	44	45,68	9
16	43,24		46	45,85	
18	43,42		48	46,03	
20	43,59		50	46,20	
22	43,76		52	46,37	
24	43,94		54	46,55	
26	44,11		56	46,72	
28	44,29		58	46,90	

Min.	Corde.		Min.	Corde.	
0	47,07	½	30	49,68	½
2	47,24	Diff.	32	49,85	Diff.
4	47,42	0,0	34	50,03	0,0
6	47,59		36	50,20	
8	47,77		38	50,38	
10	47,94		40	50,55	
12	48,11		42	50,72	
14	48,29	9	44	50,90	9
16	48,46		46	51,07	
18	48,63		48	51,25	
20	48,81		50	51,42	
22	48,98		52	51,59	
24	49,16		54	51,77	
26	49,33		56	51,94	
28	49,51		58	52,12	

Min.	Corde.		Min.	Corde.	
0	52,29	½	30	54,90	½
2	52,46	Diff.	32	55,07	Diff.
4	52,64	0,0	34	55,24	0,0
6	52,81		36	55,42	
8	52,98		38	55,59	
10	53,16		40	55,76	
12	53,33		42	55,93	
14	53,51	9	44	56,11	9
16	53,68		46	56,28	
18	53,85		48	56,46	
20	54,03		50	56,63	
22	54,20		52	56,81	
24	54,37		54	56,98	
26	54,55		56	57,15	
28	54,72		58	57,33	

Min.	Corde.		Min.	Corde.	
0	57,50	½	30	60,11	½
2	57,68	Diff.	32	60,28	Diff.
4	57,85	0,0	34	60,45	0,0
6	58,02		36	60,63	
8	58,20		38	60,80	
10	58,37		40	60,97	
12	58,55		42	61,15	
14	58,72	9	44	61,33	9
16	58,89		46	61,50	
18	59,07		48	61,67	
20	59,24		50	61,85	
22	59,42		52	62,02	
24	59,59		54	62,19	
26	59,76		56	62,36	
28	59,93		58	62,54	

Min.	Corde.		Min.	Corde.	
0	62,71	$\frac{1}{2}$	30	65,31	$\frac{1}{2}$
2	62,88	Diff.	32	65,49	Diff.
4	63,06	0,0	34	65,66	
6	63,23		36	65,84	
8	63,41		38	66,01	
10	63,58		40	66,18	
12	63,75		42	66,36	
14	63,93	9	44	66,53	9
16	64,10		46	66,70	
18	64,28		48	66,87	
20	64,45		50	67,05	
22	64,62		52	67,22	
24	64,79		54	67,40	
26	64,97		56	67,57	
28	65,14		58	67,74	

C

Min.	Corde.		Min.	Corde.	
0	67,92	$\frac{1}{2}$	30	70,52	$\frac{1}{2}$
2	68,09	Diff.	32	70,69	Diff.
4	68,27	0,0	34	70,86	0,0
6	68,44		36	71,04	
8	68,61		38	71,21	
10	68,78		40	71,39	
12	68,96		42	71,56	
14	69,13	9	44	71,73	9
16	69,30		46	71,90	
18	69,48		48	72,08	
20	69,65		50	72,25	
22	69,83		52	72,42	
24	70,00		54	72,60	
26	70,17		56	72,77	
28	70,34		58	72,95	

Min.	Corde.		Min.	Corde.	
0	73,11	½	30	75,71	½
2	73,29	Diff.	32	75,89	Diff.
4	73,46	0,0	34	76,06	0,0
6	73,64		36	76,23	
8	73,81		38	76,41	
10	73,98		40	76,58	
12	4,16		42	76,76	
14	74,33	9	44	76,93	9
16	74,50		46	77,10	
18	74,67		48	77,27	
20	74,85		50	77,45	
22	75,02		52	77,62	
24	75,20		54	77,79	
26	75,37		56	77,97	
28	75,54		58	78,14	

36 15. Degr.

Min.	Corde.		Min.	Corde.	
0	78,31	½	30	80,91	½
2	78,48	Diff.	32	81,08	Diff.
	78,66	0,0	34	81,25	0,0
6	78,83		36	81,42	
8	79,00		38	81,60	
10	79,17		40	81,77	
12	79,35		42	81,94	
14	79,52	9	44	82,11	9
16	79,70		46	82,29	
18	79,87		48	82,46	
20	80,04		50	82,63	
22	80,21		52	82,81	
24	80,39		54	82,98	
26	80,56		56	83,15	
28	80,73		58	83,33	

Min.	Corde.		Min.	Corde.	
0	83,50	½	30	86,09	½
2	83,67	Diff.	32	86,26	Diff.
4	83,84	0,0	34	86,43	0,0
6	84,02		36	86,61	
8	84,19		38	86,78	
10	84,36		40	86,96	
12	84,54	9	42	87,12	9
14	84,71		44	87,30	
16	84,88		46	87,47	
18	85,05		48	87,65	
20	85,23		50	87,82	
22	85,40		52	87,99	
24	85,57		54	88,16	
26	85,74		56	88,33	
28	85,92		58	88,51	

Min.	Corde.		Min.	Corde.	
0	88,68	$\frac{1}{2}$	30	91,27	$\frac{1}{2}$
2	88,85	Diff.	32	91,44	Diff.
4	89,03	0,0	34	91,61	0,0
6	89,20		36	91,79	
8	89,37		38	91,96	
10	89,54		40	92,13	
12	89,71		42	92,30	
14	89,89	9	44	92,47	9
16	90,06		46	92,65	
18	90,23		48	92,82	
20	90,41		50	92,99	
22	90,58		52	93,17	
24	90,75		54	93,34	
26	90,92		56	93,51	
28	91,09		58	93,68	

Min.	Corde.		Min.	Corde.	
0	93,85	$\frac{1}{2}$	30	96,44	$\frac{1}{1}$
2	94,03	Diff.	32	96,61	Diff.
4	94,20	0,0	34	96,78	0,0
6	94,37		36	96,96	
8	94,54		38	97,13	
10	94,72		40	97,30	
12	94,89		42	97,47	
14	95,06	9	44	97,65	9
16	95,23		46	97,82	
18	95,40		48	97,99	
20	95,58		50	98,16	
22	95,75		52	98,33	
24	95,92		54	98,51	
26	96,09		56	98,68	
28	96,27		58	98,85	

C 4

Min.	Corde.		Min.	Corde.	
0	99,02	½	30	101,60	½
2	99,19	Diff.	32	101,78	Diff.
4	99,37	0,0	34	101,95	0,0
6	99,54		36	102,12	
8	99,71		38	102,29	
10	99,89		40	102,47	
12	100,05		42	102,63	
14	100,23	9	44	102,81	9
16	100,40		46	102,98	
18	100,57		48	103,15	
20	100,74		50	103,32	
22	100,92		52	103,50	
24	101,08		54	103,67	
26	101,26		56	103,84	
28	101,43		58	104,01	

Min.	Corde.		Min.	Corde.	
0	104,18	$\frac{1}{2}$	30	106,76	$\frac{1}{2}$
2	104,36	Diff.	32	106,93	Diff.
4	104,53	0,0	34	107,10	0,0
6	104,70		36	107,28	
8	104,87		38	107,45	
10	105,05		40	107,62	
12	105,21		42	107,79	
14	105,39	9	44	107,96	9
16	105,56		46	108,14	
18	105,73		48	108,31	
20	105,96		50	108,48	
22	106,07		52	108,65	
24	106,25		54	108,82	
26	106,42		56	108,99	
28	106,59		58	109,16	

C 5

21. Degr.

Min.	Corde.		Min.	Corde.	
0	109,34	½	30	111,91	½
2	109,51	Diff.	32	112,08	Diff.
4	109,68	0,0	34	112,25	0,0
6	109,85		36	112,43	
8	110,02		38	112,59	
10	110,19		40	112,77	
12	110,37		42	112,94	
14	110,54	9	44	113,11	9
16	110,71		46	113,28	
18	110,88		48	113,45	
20	111,05		50	113,63	
22	111,23		52	113,79	
24	111,39		54	113,97	
26	111,57		56	114,13	
28	111,74		58	114,31	

Min.	Corde.		Min.	Corde.	
0	114,48	$\frac{1}{2}$	30	117,05	$\frac{1}{2}$
2	114,65	Diff.	32	117,22	Diff.
4	114,83	0,0	34	117,39	0,0
6	114,99		36	117,56	
8	115,17		38	117,74	
10	115,34		40	117,90	
12	115,51		42	118,08	
14	115,68	9	44	118,25	9
16	115,85		46	118,42	
18	116,02		48	118,59	
20	116,19		50	118,76	
22	116,36		52	118,93	
24	116,54		54	119,10	
26	116,70		56	119,27	
28	116,88		58	119,45	

Min.	Corde.		Min.	Corde.	
0	119,61	$\frac{1}{2}$	30	122,18	$\frac{1}{2}$
2	119,79	Diff.	32	122,35	Diff.
4	119,96	0,0	34	122,52	0,0
6	120,13		36	122,69	
8	120,30		38	122,87	
10	120,47		40	123,03	
12	120,64		42	123,21	
14	102,81	9	44	123,38	9
16	120,98		46	123,54	
18	121,16		48	123,72	
20	121,32		50	123,89	
22	121,50		52	124,04	
24	121,67		54	124,23	
26	121,84		56	124,40	
28	122,01		58	124,57	

Min.	Corde.		Min.	Corde.	
0	124,74	$\frac{1}{2}$	30	127,30	$\frac{1}{2}$
2	124,91	Diff.	32	127,47	Diff.
4	125,08	0,0	34	127,64	0,0
6	125,25		36	127,82	
8	125,42		38	127,98	
10	125,60		40	128,15	
12	125,76		42	128,33	
14	125,94	9	44	128,49	9
16	126,10		46	128,67	
18	126,28		48	128,84	
20	126,45		50	129,00	
22	126,62		52	129,18	
24	126,79		54	129,35	
26	126,96		56	129,52	
28	127,13		58	129,69	

Min.	Corde.		Min.	Corde.	
0	129,86	½	30	132,41	½
2	130,03	Diff.	32	132,58	Diff.
4	130,20	0,0	34	132,75	0,0
6	130,37		36	132,92	
8	130,54		38	133,10	
10	130,71		40	133,26	
12	130,88		42	133,43	
14	131,05	9	44	133,61	9
16	131,22		46	133,77	
18	131,39		48	133,95	
20	131,56		50	134,12	
22	131,73		52	134,28	
24	131,90		54	134,46	
26	132,07		56	134,63	
28	132,24		58	134,79	

Min.	Corde.		Min.	Corde.	
0	134,97	½	30	137,52	½
2	135,14	Diff.	32	137,69	Diff.
4	135,30	0,0	34	137,85	0,0
6	135,48		36	138,02	
8	135,65		38	138,20	
10	135,81		40	138,36	
12	135,99		42	138,53	
14	136,16	9	44	138,71	9
16	136,32		46	138,87	
18	136,50		48	139,04	
20	136,67		50	139,22	
22	136,83		52	139,38	
24	137,01		54	139,55	
26	137,18		56	139,72	
28	137,34		58	139,89	

Min.	Corde.		Min.	Corde.	
0	140,06	$\frac{1}{2}$	30	142,61	$\frac{1}{2}$
2	140,23	Diff.	32	142,77	Diff.
4	140,40	0,0	34	142,95	0,0
6	140,57		36	143,12	
8	140,74		38	143,28	
10	140,91		40	143,45	
12	141,08		42	143,63	
14	141,25	9	44	143,79	9
16	141,42		46	143,96	
18	141,59		48	144,13	
20	141,76		50	144,30	
22	141,93		52	144,47	
24	142,10		54	144,64	
26	142,27		56	144,81	
28	142,44		58	144,98	

Min.	Corde.		Min.	Corde.	
0	145,15	$\frac{1}{2}$	30	147,69	$\frac{1}{2}$
2	145,32	Diff.	32	147,86	Diff.
4	145,49	0,0	34	148,02	
6	145,65		36	148,19	
8	145,83		38	148,37	
10	145,99		40	148,53	
12	146,16		42	148,70	
14	146,33	9	44	148,87	9
16	146,50		46	149,04	
18	146,67		48	149,21	
20	146,84		50	149,38	
22	147,01		52	149,55	
24	147,18		54	149,72	
26	147,35		56	149,88	
28	147,52		58	150,05	

D

Min.	Corde.		Min.	Corde.	
0	150,22	$\frac{1}{2}$	30	152,76	$\frac{1}{2}$
2	150,39	Diff.	32	152,93	Diff
4	150,56	0,0	34	153,09	0,0
6	150,73		36	153,26	
8	150,90		38	153,43	
10	151,06		40	153,60	
12	151,23		42	153,77	
14	151,41	9	44	153,94	9
16	151,58		46	154,11	
18	151,74		48	154,28	
20	151,91		50	154,44	
22	152,08		52	154,61	
24	152,25		54	154,78	
26	152,42		56	154,95	
28	152,59		58	155,12	

Min.	Corde.		Min.	Corde.	
0	155,28	½	30	157,82	½
2	155,46	Diff.	32	157,98	Diff.
4	155,63	0,0	34	158,15	0,0
6	155,79		36	158,32	
8	155,96		38	158,49	
10	156,13		40	158,66	
12	156,30		42	158,82	
14	156,47	9	44	158,99	9
16	156,63		46	159,16	
18	156,80		48	159,33	
20	156,97		50	159,50	
22	157,14		52	159,66	
24	157,31		54	159,83	
26	157,47		56	160,00	
28	157,64		58	160,17	

Min.	Corde.		Min.	Corde.	
0	160,34	½	30	162,86	½
2	160,50	Diff.	32	163,03	Diff.
4	160,67	0,0	34	163,20	0,0
6	160,84		36	163,37	
8	161,01		38	163,53	
10	161,18		40	163,70	
12	161,35		42	163,86	
14	161,52	9	44	164,03	9
16	161,69		46	164,20	
18	161,85		48	164,37	
20	162,02		50	164,54	
22	162,19		52	164,70	
24	162,36		54	164,87	
26	162,53		56	165,04	
28	162,69		58	165,21	

Min.	Corde.		Min.	Corde.	
0	165,38	½	30	167,89	½
2	165,54	Diff.	32	168,06	Diff.
4	165,71	0,0	34	168,21	0,0
6	165,88		36	168,39	
8	166,05		38	168,56	
10	166,22		40	168,73	
12	166,38	9	42	168,90	9
14	166,55		44	169,07	
16	166,72		46	169,23	
18	166,89		48	169,40	
20	167,06		50	169,57	
22	167,22		52	169,73	
24	167,39		54	169,90	
26	167,56		56	170,07	
28	167,72		58	170,24	

Min.	Corde.		Min.	Corde.	
0	170,40	$\frac{1}{2}$	30	172,91	$\frac{1}{2}$
2	170,57	Diff.	32	173,08	Diff.
4	170,74	0,0	34	173,25	0,0
6	170,91		36	173,42	
8	171,07		38	173,58	
10	171,24		40	173,75	
12	171,40		42	173,91	
14	171,57	9	44	174,08	9
16	171,74		46	174,25	
18	171,91		48	174,42	
20	172,08		50	174,59	
22	172,25		52	174,75	
24	172,41		54	174,92	
26	172,58		56	175,08	
28	172,74		58	175,25	

Min.	Corde.		Min.	Corde.	
0	175,42	$\frac{1}{2}$	30	177,92	$\frac{1}{2}$
2	175,58	Diff.	32	178,08	Diff.
4	175,75	0,0	34	178,25	0,0
6	175,92		36	178,42	
8	176,09		38	178,59	
10	176,25		40	178,75	
12	176,42		42	178,92	
14	176,58	9	44	179,09	9
16	176,75		46	179,25	
18	176,92		48	179,42	
20	177,09		50	179,58	
22	177,26		52	179,75	
24	177,42		54	179,92	
26	177,59		56	180,08	
28	177,75		58	180,25	

Min.	Corde.		Min.	Corde.	
0	180,42	$\frac{1}{2}$	30	182,91	$\frac{1}{2}$
2	180,58	Diff.	32	183,08	Diff.
4	180,75	0,0	34	183,24	0,0
6	180,92		36	183,41	
8	181,08		38	183,58	
10	181,25		40	183,74	
12	181,41		42	183,91	
14	181,58		44	184,08	9
16	181,75		46	184,24	
18	181,92		48	184,41	
20	182,08		50	184,58	
22	182,25		52	184,74	
24	182,42		54	184,91	
26	182,58		56	185,07	
28	182,75		58	185,24	

Min.	Corde.		Min.	Corde.	
0	185,41	½	30	187,89	½
2	185,57	Diff.	32	188,06	Diff.
4	185,74	0,0	34	188,22	0,0
6	185,90		36	188,39	
8	186,07		38	188,55	
10	186,23		40	188,72	
12	186,40		42	188,89	
14	186,57	9	44	189,05	9
16	186,73		46	189,22	
18	186,90		48	189,38	
20	187,07		50	189,55	
22	187,23		52	189,73	
24	187,40		54	189,88	
26	187,56		56	190,05	
28	187,73		58	190,21	

Min.	Corde.		Min.	Corde.	
0	190,38	$\frac{1}{2}$	30	192,86	$\frac{1}{2}$
2	190,55	Diff.	32	193,02	Diff.
4	190,71	0,0	34	193,19	0,0
6	190,87		36	193,35	
8	191,04		38	193,52	
10	191,21		40	193,68	
12	191,37		42	193,85	
14	191,54	9	44	194,01	9
16	191,70		46	194,18	
18	191,87		48	194,34	
20	192,03		50	194,51	
22	192,20		52	194,67	
24	192,36		54	194,84	
26	192,53		56	195,00	
28	192,69		58	195,17	

Min.	Corde.		Min.	Corde.	
0	195,33	½	30	197,81	½
2	195,50	Diff.	32	197,97	Diff.
4	195,66	0,0	34	198,14	0,0
6	195,83		36	198,30	
8	195,99		38	198,47	
10	196,16		40	198,63	
12	196,32		42	198,80	
14	196,49	9	44	198,96	9
16	196,65		46	199,13	
18	196,82		48	199,29	
20	196,98		50	199,46	
22	197,15		52	199,62	
24	197,31		54	199,79	
26	197,48		56	199,95	
28	197,64		58	200,12	

39. Degr.

Min.	Corde.		Min.	Corde.	
0	200,28	$\frac{1}{2}$	30	202,74	$\frac{1}{2}$
2	200,45	Diff.	32	202,91	Diff.
4	200,61	0,0	34	203,07	0,0
6	200,77		36	203,24	
8	200,94		38	203,40	
10	201,10		40	203,57	
12	201,27		42	203,73	
14	201,43	8	44	203,90	8
16	201,59		46	204,06	
18	201,76		48	204,22	
20	201,92		50	204,39	
22	202,09		52	204,55	
24	202,25		54	204,72	
26	202,41		56	204,88	
28	202,58		58	205,04	

Min.	Corde.		Min.	Corde.	
0	205,21	½	30	207,66	½
2	205,37	Diff.	32	207,83	Diff.
4	205,53	0,0	34	207,99	0,0
6	205,70		36	208,16	
8	205,86		38	208,32	
10	206,03		40	208,49	
12	206,19		42	208,65	
14	206,36	8	44	208,81	8
16	206,52		46	208,97	
18	206,68		48	209,14	
20	206,85		50	209,30	
22	207,01		52	209,46	
24	207,17		54	209,63	
26	207,34		56	209,79	
28	207,50		58	209,94	

41 Degr.

Min.	Corde.		Min.	Corde.	
0	210,12	½	30	212,57	½
2	210,28	Diff.	32	212,73	Diff.
4	210,45	0,0	34	212,90	0,(
6	210,61		36	213,06	
8	210,77		38	213,22	
10	210,93		40	123,39	
12	211,10		42	213,55	
14	211,26	8	44	213,71	8
16	211,43		46	213,87	
18	211,59		48	214,04	
20	211,76		50	214,20	
22	211,92		52	214,37	
24	212,08		54	214,53	
26	212,24		56	214,69	
28	212,40		58	214,85	

Min.	Corde.		Min.	Corde.	
0	215,01	½	30	217,46	½
2	215,17	Diff.	32	217,62	Diff.
4	215,34	0,0	34	217,79	0,0
6	215,51		36	217,96	
8	215,67		38	218,11	
10	215,83		40	218,27	
12	215,99		42	218,43	
14	216,15	8	44	218,60	8
16	216,32		46	218,76	
18	216,48		48	218,92	
20	216,65		50	219,08	
22	216,81		52	219,24	
24	216,97		54	219,41	
26	217,13		56	219,57	
28	217,29		58	219,74	

Min.	Corde.		Min.	Corde.	
0	219,90	½	30	222,33	½
2	220,06	Diff.	32	222,49	Diff.
4	220,22	0,0	34	222,65	0,0
6	220,38		36	222,81	
8	220,55		38	222,98	
10	220,71		40	223,14	
12	220,87		42	223,30	
14	221,03	8	44	223,46	8
16	221,19		46	223,62	
18	221,36		48	223,79	
20	221,52		50	223,95	
22	221,68		52	224,11	
24	221,84		54	224,27	
26	222,00		56	224,43	
28	222,17		58	224,60	

Min.	Corde.		Min.	Corde.	
0	224,76	$\frac{1}{2}$	30	227,18	$\frac{1}{2}$
2	224,92	Diff.	32	227,34	Diff.
4	225,08	0,0	34	227,51	0,0
6	225,24		36	227,67	
8	225,41		38	227,83	
10	225,57		40	227,99	
12	225,73		42	228,15	
14	225,89	8	44	228,32	8
16	226,05		46	228,48	
18	226,22		48	228,64	
20	226,38		50	228,80	
22	226,54		52	228,96	
24	226,70		54	229,12	
26	226,86		56	229,28	
28	227,02		58	229,44	

Min.	Corde.		Min.	Corde.	
0	229,61	½	30	232,02	½
2	229,77	Diff.	32	232,18	Diff.
4	229,93	0,0	34	232,34	0,0
6	230,08		36	232,50	
8	230,25		38	232,67	
10	230,41		40	232,83	
12	230,57		42	232,98	
14	230,73	8	44	233,15	8
16	230,90		46	233,31	
18	231,06		48	233,47	
20	231,21		50	233,63	
22	231,38		52	233,79	
24	231,54		54	233,95	
26	231,70		56	234,11	
28	231,86		58	234,27	

Min.	Corde.		Min.	Corde.	
0	234,44	$\frac{1}{2}$	30	236,84	$\frac{1}{2}$
2	234,59	Diff.	32	237,00	Diff.
4	234,75	0,0	34	237,16	0,0
6	234,92		36	237,32	
8	235,08		38	237,48	
10	235,23		40	237,64	
12	235,40		42	237,80	
14	235,56	8	44	237,96	8
16	235,72		46	238,13	
18	235,87		48	238,28	
20	236,04		50	238,44	
22	236,20		52	238,60	
24	236,36		54	238,76	
26	236,52		56	238,92	
28	236,68		58	239,09	

Min.	Corde.		Min.	Corde.	
0	239,24	$\frac{1}{2}$	30	241,64	$\frac{1}{2}$
2	239,40	Diff.	32	241,80	Diff.
4	239,57	0,0	34	241,96	0,0
6	239,72		36	242,12	
8	239,88		38	242,28	
10	240,04		40	242,44	
12	240,20		42	242,60	
14	240,36	8	44	242,76	8
16	240,53		46	242,92	
18	240,68		48	243,08	
20	240,84		50	243,24	
22	241,01		52	243,40	
24	241,16		54	243,55	
26	241,32		56	243,72	
28	241,49		58	243,88	

Min.	Corde.		Min.	Corde.	
0	244,04	$\frac{1}{2}$	30	246,42	$\frac{1}{2}$
2	244,20	Diff.	32	246,59	Diff.
4	244,36	0,0	34	246,74	0,0
6	244,52		36	246,90	
8	244,67		38	247,06	
10	244,83		40	247,22	
12	244,99		42	247,38	
14	245,15	8	44	247,54	8
16	245,31		46	247,70	
18	245,47		48	247,86	
20	245,63		50	248,02	
22	245,79		52	248,18	
24	245,95		54	248,33	
26	246,11		56	248,49	
28	246,27		58	248,65	

Min.	Corde.		Min.	Corde.	
0	248,81	$\frac{1}{2}$	30	251,19	$\frac{1}{2}$
2	248,97	Diff.	32	251,35	Diff.
4	249,13	0,0	34	251,51	0,0
6	249,29		36	251,67	
8	249,45		38	251,83	
10	249,61		40	251,99	
12	249,77		42	252,14	
14	249,92	8	44	252,30	8
16	250,08		46	252,46	
18	250,24		48	252,62	
20	250,40		50	252,77	
22	250,56		52	252,93	
24	250,72		54	253,09	
26	250,88		56	253,25	
28	251,03		58	253,41	

Min.	Corde.		Min.	Corde.	
0	253,56	½	30	255,93	½
2	253,73	Diff.	32	256,10	Diff.
4	253,88	0,0	34	256,25	0,0
6	254,04		36	256,41	
8	254,20		38	256,57	
10	254,36		40	256,73	
12	254,51		42	256,88	
14	254,67	8	44	257,04	8
16	254,83		46	257,20	
18	254,99		48	257,36	
20	255,15		50	257,51	
22	255,30		52	257,67	
24	255,46		54	257,83	
26	255,62		56	257,99	
28	255,78		58	258,14	

Min.	Corde.		Min.	Corde.	
0	258,30	½	30	260,66	½
2	258,46	Diff.	32	260,82	Diff.
4	258,62	0,0	34	260,97	0,0
6	258,77		36	261,14	
8	258,93		38	261,27	
10	259,09		40	261,45	
12	259,25		42	261,60	
14	259,40	8	44	261,76	8
16	259,56		46	261,92	
18	259,72		48	262,08	
20	259,88		50	262,23	
22	260,03		52	262,39	
24	260,19		54	262,55	
26	260,35		56	262,70	
28	260,51		58	262,86	

Min.	Corde.		Min.	Corde.	
0	263,02	$\frac{1}{2}$	30	265,37	$\frac{1}{2}$
2	263,18	Diff.	32	265,52	Diff.
4	263,33	0,0	34	265,68	0,0
6	263,49		36	265,84	
8	263,64		38	265,99	
10	263,80		40	266,15	
12	263,96		42	266,31	
14	264,12	8	44	266,46	8
16	264,27		46	266,62	
18	264,43		48	266,78	
20	264,59		50	266,93	
22	264,74		52	267,09	
24	264,90		54	267,24	
26	265,05		56	267,40	
28	265,21		58	267,56	

Min.	Corde.		Min.	Corde.	
0	267,71	½	30	270,05	½
2	267,87	Diff.	32	270,21	Diff.
4	268,02	0,0	34	270,36	0,0
6	268,18		36	270,52	
8	268,33		38	270,68	
10	268,49		40	270,83	
12	268,65		42	270,99	
14	268,80	8	44	271,14	8
16	268,96		46	271,30	
18	269,12		48	271,46	
20	269,27		50	271,61	
22	269,43		52	271,77	
24	269,58		54	271,92	
26	269,74		56	272,08	
28	269,90		58	272,24	

Min.	Corde.		Min.	Corde.	
0	272,39	$\frac{1}{2}$	30	274,72	$\frac{1}{2}$
2	272,54	Diff.	32	274,88	Diff.
4	272,70	0,0	34	275,03	0,0
6	272,85		36	275,18	
8	273,01		38	275,34	
10	273,17		40	275,49	
12	273,32		42	275,65	
14	273,48	8	44	275,81	8
16	273,63		46	275,96	
18	273,79		48	276,11	
20	273,95		50	276,27	
22	274,10		52	276,42	
24	274,25		54	276,58	
26	274,41		56	276,74	
28	274,56		58	276,89	

Min.	Corde.		Min.	Corde.	
0	277,04	½	30	279,36	½
2	277,20	Diff.	32	279,52	Diff.
4	277,35	0,0	34	279,67	0,0
6	277,51		36	279,83	
8	277,67		38	279,98	
10	277,82		40	280,14	
12	277,97		42	280,29	
14	278,13	8	44	280,44	8
16	278,28		46	280,60	
18	278,43		48	280,75	
20	278,59		50	280,91	
22	278,75		52	281,06	
24	278,90		54	281,22	
26	279,05		56	281,37	
28	279,21		58	281,52	

Min.	Corde.		Min.	Corde.	
0	281,68	½	30	283,98	½
2	281,83	Diff.	32	284,14	Diff.
4	281,99	0,0	34	284,30	0,0
6	282,14		36	284,45	
8	282,29		38	284,60	
10	282,45		40	284,76	
12	282,60		42	284,91	
14	282,75	8	44	285,06	8
16	282,91		46	285,21	
18	283,07		48	285,37	
20	283,22		50	285,53	
22	283,37		52	285,68	
24	283,53		54	285,83	
26	283,68		56	285,98	
28	283,83		58	286,14	

Min.	Corde.		Min.	Corde.	
0	286,29	$\frac{1}{2}$	30	288,59	$\frac{1}{2}$
2	286,44	Diff.	32	288,74	Diff.
4	286,60	0,0	34	248,90	0,0
6	286,75		36	289,05	
8	286,91		38	289,20	
10	287,06		40	289,35	
12	287,21		42	289,50	
14	287,36	8	44	289,66	8
16	287,52		46	289,81	
18	287,67		48	289,97	
20	287,82		50	290,12	
22	287,97		52	290,27	
24	288,13		54	290,42	
26	288,28		56	290,58	
28	288,44		58	290,73	

Min	Corde.		Min.	Corde.	
0	290,88	$\frac{1}{2}$	30	293,17	$\frac{1}{2}$
2	291,03	Diff.	32	294,32	Diff.
4	291,18	0,0	34	293,47	0,0
6	291,34		36	293,63	
8	291,49		38	293,78	
10	291,65		40	293,93	
12	291,80		42	294,08	
14	291,95	8	44	264,23	8
16	292,10		46	294,39	
18	292,25		48	294,54	
20	292,41		50	294,69	
22	292,56		52	294,84	
24	292,71		54	294,99	
26	292,86		56	295,14	
28	293,01		58	295,30	

Min.	Corde.		Min.	Corde.	
0	295,45	½	30	297,72	½
2	295,60	Diff.	32	297,87	Diff.
4	295,75	0,0	34	298,03	0,0
6	295,91		36	298,18	
8	296,06		38	298,33	
10	296,21		40	298,48	
12	296,36		42	298,64	
14	296,51	8	44	298,79	8
16	296,66		46	298,94	
18	296,82		48	299,09	
20	296,97		50	299,24	
22	297,12		52	299,39	
24	297,27		54	299,54	
26	297,42		56	299,69	
28	297,57		58	299,84	

Min.	Corde.		Min.	Corde.	
0	300,00	½	30	302,26	½
2	300,15	Diff.	32	302,41	Diff.
4	300,30	0,0	34	302,56	0,0
6	300,45		36	302,71	
8	300,60		38	302,86	
10	300,75		40	303,01	
12	300,90		42	303,17	
14	301,05	8	44	303,32	8
16	301,20		46	303,47	
18	301,35		48	303,62	
20	301,50		50	303,77	
22	301,65		52	303,92	
24	301,80		54	304,07	
26	301,96		56	304,22	
28	302,11		58	304,37	

Min.	Corde.		Min.	Corde.	
0	304,52	½	30	306,77	½
2	304,67	Diff.	32	306,92	Diff.
4	304,82	0,0	34	307,07	0,0
6	304,97		36	307,22	
8	305,12		38	307,37	
10	305,27		40	307,52	
12	305,42		42	307,67	
14	305,57	8	44	307,82	8
16	305,72		46	307,97	
18	305,87		48	308,12	
20	306,02		50	308,27	
22	306,17		52	308,42	
24	306,32		54	308,57	
26	306,47		56	308,72	
28	306,62		58	308,87	

Min.	Corde.		Min.	Corde.	
0	309,02	$\frac{1}{2}$	30	311,26	$\frac{1}{2}$
2	309,17	Diff.	32	311,41	Diff.
4	309,32	0,0	34	311,56	0,0
6	309,47		36	311,70	
8	309,62		38	311,85	
10	309,77		40	312,00	
12	309,92		42	312,15	
14	310,06	8	44	312,30	8
16	310,22		46	312,45	
18	310,37		48	312,60	
20	310,51		50	312,75	
22	310,66		52	312,90	
24	310,81		54	313,05	
26	310,96		56	313,20	
28	311,11		58	313,35	

Min.	Corde.		Min.	Corde.	
0	313,49	½	30	315,72	½
2	313,64	Diff.	32	315,87	Diff.
4	313,79	0,0	34	316,02	0,0
6	313,94		36	316,17	
8	314,09		38	316,32	
10	314,24		40	316,47	
12	314,39		42	316,61	
14	314,54	8	44	316,76	8
16	314,69		46	316,91	
18	314,83		48	317,05	
20	314,98		50	317,21	
22	315,13		52	317,36	
24	315,28		54	317,50	
26	315,42		56	317,65	
28	315,57		58	317,80	

Min.	Corde.		Min.	Corde.	
0	317,94	½	30	320,16	½
2	318,09	Diff.	32	320,31	Diff.
4	318,24	0,0	34	320,46	0,0
6	318,39		36	320,61	
8	318,54		38	320,75	
10	318,69		40	320,90	
12	318,83		42	321,05	
14	318,98	8	44	321,20	8
16	319,13		46	321,35	
18	319,28		48	321,49	
20	319,43		50	321,64	
22	319,58		52	321,78	
24	319,72		54	321,93	
26	319,87		56	322,08	
28	320,01		58	322,23	

Min.	Corde.		Min.	Corde.	
0	322,37	½	30	324,58	½
2	322,52	Diff.	32	324,72	Diff.
4	322,67	0,0	34	324,87	0,0
6	322,82		36	325,02	
8	322,97		38	325,17	
10	322,11		40	325,31	
12	323,26		42	325,46	
14	323,40	8	44	325,61	8
16	323,55		46	325,76	
18	323,70		48	325,90	
20	323,85		50	326,04	
22	323,99		52	326,19	
24	324,14		54	326,34	
26	324,29		56	326,49	
28	324,43		58	326,63	

Min.	Corde.		Min.	Corde.	
0	326,78	½	30	328,97	½
2	326,93	Diff.	32	329,12	Diff.
4	327,07	0,0	34	329,26	0,0
6	327,22		36	329,41	
8	327,36		38	329,55	
10	327,51		40	329,70	
12	327,66		42	329,85	
14	327,80	8	44	329,99	8
16	327,95		46	330,14	
18	328,10		48	330,28	
20	328,24		50	330,43	
22	328,38		52	330,57	
24	328,53		54	330,72	
26	328,68		56	330,87	
28	328,82		58	331,01	

Min.	Corde.		Min.	Corde.	
0	331,16	$\frac{1}{2}$	30	333,34	$\frac{1}{2}$
2	331,30	Diff.	32	333,48	Diff.
4	331,45	0,0	34	333,63	0,0
6	331,59		36	333,77	
8	331,74		38	333,92	
10	331,88		40	334,06	
12	332,03		42	334,21	
14	332,18	8	44	334,35	8
16	332,32		46	334,50	
18	332,46		48	334,64	
20	332,61		50	334,79	
22	332,76		52	334,93	
24	332,90		54	335,07	
26	333,05		56	335,22	
28	333,19		58	335,37	

Min.	Corde.		Min.	Corde.	
0	335,51	½	30	337,68	½
2	335,66	Diff.	32	337,82	Diff.
4	335,80	0,0	34	337,97	0,0
6	335,94		36	338,11	
8	336,09		38	338,25	
10	336,23		40	338,40	
12	336,38		42	338,54	
14	336,52	7	44	338,69	7
16	336,67		46	338,83	
18	336,81		48	338,97	
20	336,96		50	339,12	
22	337,10		52	339,26	
24	337,25		54	339,41	
26	337,39		56	339,55	
28	337,53		58	339,69	

Min.	Corde.		Min.	Corde.	
0	339,84	½	30	341,99	½
2	339,98	Diff.	32	342,14	Diff.
4	340,13	0,0	34	342,28	0,0
6	340,27		36	342,42	
8	340,41		38	342,57	
10	340,56		40	342,71	
12	340,70		42	342,85	
14	340,84	7	44	342,99	7
16	340,99		46	343,14	
18	341,13		48	343,28	
20	341,28		50	343,43	
22	341,42		52	343,57	
24	341,56		54	343,71	
26	341,70		56	343,85	
28	341,85		58	344,00	

Min.	Corde.		Min.	Corde.	
0	344,14	$\frac{1}{2}$	30	346,28	$\frac{1}{2}$
2	344,28	Diff.	32	346,43	Diff.
4	344,43	0,0	34	346,57	0,0
6	344,57		36	346,71	
8	344,71		38	346,85	
10	344,85		40	347,00	
12	345,00		42	347,14	
14	345,14	7	44	347,28	7
16	345,29		46	347,42	
18	345,42		48	347,57	
20	345,57		50	347,70	
22	345,71		52	347,84	
24	345,86		54	347,99	
26	346,00		56	348,13	
28	346,14		58	348,27	

Min.	Corde.		Min.	Corde.	
0	348,42	½	30	350,54	½
2	348,56	Diff.	32	350,69	Diff.
4	348,70	0,0	34	350,83	0,0
6	348,84		36	350,97	
8	348,98		38	351,11	
10	349,13		40	351,25	
12	349,27		42	351,39	
14	349,41	7	44	351,54	7
16	349,55		46	351,68	
18	349,70		48	351,82	
20	349,83		50	351,96	
22	349,98		52	352,10	
24	350,12		54	352,24	
26	350,26		56	352,38	
28	350,40		58	352,52	

Min.	Corde.		Min.	Corde.	
0	352,67	$\frac{1}{2}$	30	354,78	$\frac{1}{2}$
2	352,81	Diff.	32	354,92	Diff.
4	352,95	0,0	34	355,06	0,0
6	352,09		36	355,20	
8	353,23		38	355,34	
10	353,37		40	355,49	
12	353,51		42	355,62	
14	353,66	7	44	355,77	7
16	353,80		46	355,91	
18	353,94		48	356,04	
20	354,08		50	356,19	
22	354,22		52	356,33	
24	354,36		54	356,47	
26	354,50		56	356,61	
28	354,64		58	356,75	

Min.	Corde.		Min.	Corde.	
0	356,89	½	30	358,99	½
2	357,03	Diff.	32	359,13	Diff.
4	357,17	0,0	34	359,27	0,0
6	357,31		36	359,41	
8	357,45		38	359,55	
10	357,59		40	359,69	
12	357,73		42	359,83	
14	357,87	7	44	359,97	7
16	358,01		46	360,11	
18	358,15		48	360,25	
20	358,29		50	360,39	
22	358,43		52	360,53	
24	358,57		54	360,67	
26	358,71		56	360,81	
28	358,85		58	360,95	

Min.	Corde.		Min.	Corde.	
0	361,08	½	30	363,17	½
2	361,22	Diff.	32	363,31	Diff.
4	361,36	0,0	34	363,45	0,0
6	361,50		36	363,58	
8	361,64		38	363,72	
10	361,78		40	363,87	
12	361,92		42	364,01	
14	362,06	7	44	364,14	7
16	362,20		46	364,28	
18	362,34		48	364,42	
20	362,48		50	364,56	
22	362,61		52	364,70	
24	362,75		54	364,83	
26	362,90		56	364,97	
28	363,03		58	365,11	

75. Degr.

Min.	Corde.		Min.	Corde.	
0	365,25	½	30	367,32	½
2	365,39	Diff.	32	367,46	Diff.
4	365,53	c,0	34	367,60	0,0
6	365,67		36	367,74	
8	365,81		38	367,88	
10	365,94		40	398,01	
12	366,08		42	368,15	
14	366,22	7	44	368,29	7
16	366,36		46	368,43	
18	366,50		48	368,57	
20	366,63		50	368,70	
22	366,77		52	368,84	
24	366,91		54	368,98	
26	367,05		56	369,12	
28	367,19		58	369,26	

Corde.		Min.	Corde.	
369,39	½	30	371,45	½
369,53	Diff.	32	371,59	Diff.
369,66	0,0	34	371,73	0,0
369,80		36	371,86	
369,94		38	372,00	
370,08		40	372,14	
370,22		42	372,27	
370,35	7	44	372,41	7
370,49		46	372,54	
370,63		48	372,68	
370,77		50	372,82	
370,90		52	372,96	
371,04		54	373,10	
371,18		56	373,23	
371,31		58	373,37	

Min.	Corde.		Min.	Corde.	
0	373,50	$\frac{1}{2}$	30	375,55	$\frac{1}{2}$
2	373,64	Diff.	32	375,69	Diff.
4	373,77	0,0	34	375,82	0,0
6	373,91		36	375,96	
8	374,05		38	376,10	
10	374,19		40	376,23	
12	374,32		42	376,37	
14	374,46	7	44	376,50	7
16	374,60		46	376,64	
18	374,73		48	376,77	
20	374,87		50	376,91	
22	375,00		52	377,04	
24	375,14		54	377,18	
26	375,27		56	377,31	
28	375,41		58	377,45	

Min.	Corde.		Min.	Corde.	
0	377,59	½	30	379,62	½
2	377,72	Diff.	32	379,76	Diff.
4	377,86	0,0	34	379,89	0,0
6	377,99		36	380,03	
8	378,13		38	380,16	
10	378,27		40	380,30	
12	378,40		42	380,43	
14	378,54	7	44	380,57	7
16	378,67		46	380,70	
18	378,81		48	380,84	
20	378,94		50	380,97	
22	379,08		52	381,11	
24	379,21		54	381,24	
26	379,35		56	381,37	
28	379,49		58	381,51	

Min.	Corde.		Min.	Corde.	
0	381,64	½	30	383,66	½
2	381,78	Diff.	32	383,79	Diff.
4	381,91	0,0	34	383,93	0,0
6	382,05		36	384,06	
8	382,18		38	384,20	
10	382,31		40	384,33	
12	382,45		42	384,46	
14	382,58	7	44	384,60	7
16	382,72		46	384,73	
18	382,85		48	384,86	
20	382,99		50	385,00	
22	383,12		52	385,13	
24	383,25		54	385,26	
26	383,39		56	385,40	
28	383,52		58	385,53	

Min.	Corde.		Min.	Corde.	
0	385,67	½	30	387,67	½
2	385,80	Diff.	32	387,80	Diff.
4	385,94	0,0	34	387,93	0,0
6	386,07		36	388,07	
8	386,20		38	388,20	
10	386,34		40	388,34	
12	386,47		42	388,47	
14	386,60	7	44	388,60	7
16	386,73		46	388,73	
18	386,87		48	388,86	
20	387,00		50	389,00	
22	387,14		52	389,13	
24	387,27		54	389,27	
26	387,40		56	389,40	
28	387,54		58	389,53	

Min.	Corde.		Min.	Corde.	
0	389,66	½	30	391,65	½
2	389,79	Diff.	32	391,78	Diff.
4	389,93	0,0	34	391,92	0,0
6	390,06		36	392,05	
8	390,20		38	392,18	
10	390,33		40	392,31	
12	390,46		42	392,45	
14	390,59	7	44	392,58	7
16	390,72		46	392,71	
18	390,86		48	392,84	
20	390,99		50	392,97	
22	391,13		52	393,11	
24	391,25		54	393,24	
26	391,38		56	393,36	
28	391,52		58	393,49	

Min.	Corde.		Min.	Corde.	
0	393,63	$\frac{1}{2}$	30	395,60	$\frac{1}{2}$
2	393,76	Diff.	32	395,73	Diff.
4	393,89	0,0	34	395,87	0,0
6	394,02		36	396,00	
8	394,16		38	396,13	
10	394,29		40	396,26	
12	394,42		42	396,39	
14	394,55	7	44	396,52	7
16	394,68		46	396,65	
18	394,82		48	396,78	
20	394,95		50	396,92	
22	395,08		52	397,04	
24	395,21		54	397,17	
26	395,34		56	397,31	
28	395,47		58	397,44	

G 4

104 83. Degr.

Min.	Corde.		Min.	Corde.	
0	397,57	½	30	399,52	½
2	397,70	Diff.	32	399,65	Diff.
4	397,83	0,0	34	399,78	0,0
6	397,96		36	399,92	
8	398,09		38	400,04	
10	398,22		40	400,17	
12	398,35		42	400,30	
14	398,48	7	44	400,43	7
16	398,61		46	400,56	
18	398,74		48	400,69	
20	398,87		50	400,82	
22	399,00		52	400,95	
24	399,13		54	401,09	
26	399,26		56	401,21	
28	399,39		58	401,34	

Min.	Corde.		Min.	Corde.	
0	401,48	½	30	403,41	½
2	401,60	Diff.	32	403,55	Diff.
4	401,73	0,0	34	403,67	0,0
6	401,86		36	403,80	
8	401,99		38	403,93	
10	402,12		40	404,06	
12	402,25		42	404,19	
14	402,38	7	44	404,32	7
16	402,51		46	404,45	
18	402,64		48	404,58	
20	402,77		50	404,70	
22	402,90		52	404,83	
24	403,03		54	404,96	
26	403,15		56	405,09	
28	403,29		58	405,22	

Min.	Corde.		Min.	Corde.	
0	405,35	$\frac{1}{2}$	30	407,28	$\frac{1}{2}$
2	405,48	Diff.	32	407,40	Diff.
4	405,60	0,0	34	407,53	0,0
6	405,73		36	407,66	
8	405,86		38	407,79	
10	405,99		40	407,92	
12	406,12		42	408,05	
14	406,25	7	44	408,17	7
16	406,38		46	408,30	
18	406,50		48	408,43	
20	406,63		50	408,56	
22	406,76		52	408,68	
24	406,89		54	408,81	
26	407,02		56	408,94	
28	407,15		58	409,06	

Min.	Corde.		Min.	Corde.	
0	409,19	½	30	411,11	½
2	409,32	Diff.	32	411,23	Diff.
4	409,45	0,0	34	411,36	0,0
6	409,57		36	411,48	
8	409,70		38	411,62	
10	409,83		40	411,74	
12	409,96		42	411,87	
14	410,09	7	44	411,99	7
16	410,21		46	412,12	
18	410,34		48	412,24	
20	410,47		50	412,37	
22	410,60		52	412,50	
24	410,72		54	412,63	
26	410,85		56	412,76	
28	410,98		58	412,88	

Min.	Corde.		Min.	Corde.	
0	413,01	½	30	414,90	½
2	413,13	Diff.	32	415,03	Diff.
4	413,26	0,0	34	415,16	0,0
6	413,39		36	415,28	
8	413,51		38	415,41	
10	413,64		40	415,53	
12	413,76		42	415,66	
14	413,89	7	44	415,79	7
16	414,02		46	415,91	
18	414,15		48	416,04	
20	414,27		50	416,16	
22	414,40		52	416,29	
24	414,52		54	416,42	
26	414,65		56	416,54	
28	414,78		58	416,66	

Min.	Corde.		Min.	Corde.	
0	416,79	½	30	418,67	½
2	416,91	Diff.	32	418,79	Diff.
4	417,04	0,0	34	418,92	0,0
6	417,17		36	419,04	
8	417,29		38	419,17	
10	417,42		40	419,30	
12	417,54		42	419,42	
14	417,67	7	44	419,54	7
16	417,79		46	419,67	
18	417,92		48	419,79	
20	418,04		50	419,92	
22	418,17		52	420,04	
24	418,29		54	420,16	
26	418,42		56	420,29	
28	418,55		58	420,42	

110 89 Degr.

Min.	Corde.		Min.	Corde.	
0	420,54	½	30	422,40	½
2	420,66	Diff.	32	422,53	Diff.
4	420,79	0,0	34	422,65	0,0
6	420,92		36	422,77	
8	421,04		38	422,90	
10	421,16		40	423,02	
12	421,29		42	423,15	
14	421,41	6	44	423,27	6
16	421,53		46	423,39	
18	421,66		48	423,52	
20	421,79		50	423,64	
22	421,91		52	423,77	
24	422,03		54	423,89	
26	422,16		56	424,01	
28	422,28		58	424,14	

90° 0′ corde = 424,26

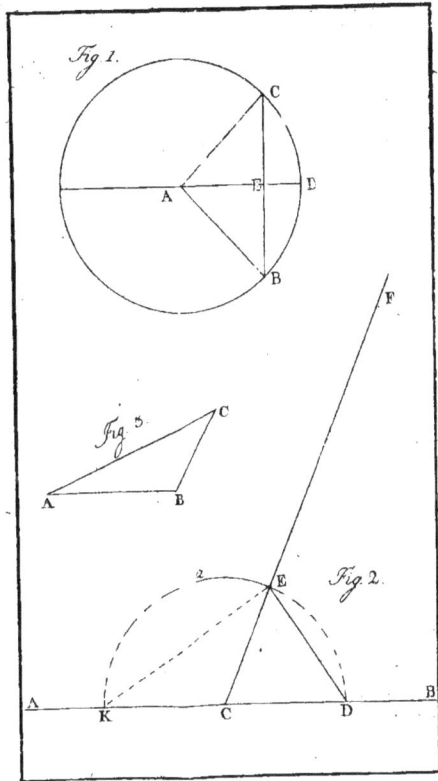

Fig 1.

Fig 3.

Fig. 2.

Bij de Drukkers dezes, D. DU MORTIER *en* ZOON, *te* Leyden, *zijn de volgende* LEESBOEKEN, *door* N. ANSLIJN, N. Z., Stads Schoolhouder *te* Haarlem, *ten schoolgebruike vervaardigd, te bekomen; welke in denzelfden rang op elkander behoorente volgen, als hieronder aangewezen is.*

1. Nieuw Spel- of Leesboekje, dienende om de Kinderen reeds bij de eerste beginselen, ook in het lezen te oefenen, 1e. stukje.
2. ——— dito 2e. stukje.
3. ——— dito 3e. stukje.
4. De brave Hendrik.
5. De brave Maria.
6. Raadgevingen en Onderrigtingen voor Kinderen, 1e. Leesboek.
7. ——— dito 2e. Leesboek.
8. ——— dito 3e. Leesboek.
9. ——— dito 4e. Leesboek.
10. ——— dito 5e. Leesboek.
(NB. *Deze beide laatsten zijn ter perse.*)
11. Leesboek voor de Tweede Klasse.
12. Karaktertrekken uit de Algemeene en Vaderl. Geschiedenissen, 1e. stukje.
13. ——— dito 2e. stukje.
14. Bijbelsche Voorbeelden ter bevordering van Godsvrucht en Deugd.
15. Natuur- en Aardrijkskundige Mengelingen, ter bevordering van algemeene kundigheden.
(N. B. *Dit laatste is nog niet in het licht verschenen.*)

www.ingramcontent.com/pod-product-compliance
Lightning Source LLC
Chambersburg PA
CBHW032324210326
41519CB00058B/5554